BEI GRIN MACHT SICH IHR WISSEN BEZAHLT

- Wir veröffentlichen Ihre Hausarbeit, Bachelor- und Masterarbeit

- Ihr eigenes eBook und Buch - weltweit in allen wichtigen Shops

- Verdienen Sie an jedem Verkauf

Jetzt bei www.GRIN.com hochladen und kostenlos publizieren

GRIN

Nachhaltigkeit von Bestandsimmobilien. Sonnenenergie zur klimafreundlichen Wärmegewinnung

Romy Alt

Bibliografische Information der Deutschen Nationalbibliothek:

Die Deutsche Nationalbibliothek verzeichnet diese Publikation in der Deutschen Nationalbibliografie; detaillierte bibliografische Daten sind im Internet über http://dnb.d-nb.de abrufbar.

ISBN: 9783964878427
Dieses Buch ist auch als E-Book erhältlich.

© GRIN Publishing GmbH
Trappentreustraße 1
80339 München

Alle Rechte vorbehalten

Druck und Bindung: Books on Demand GmbH, Norderstedt Germany
Gedruckt auf säurefreiem Papier aus verantwortungsvollen Quellen

Das vorliegende Werk wurde sorgfältig erarbeitet. Dennoch übernehmen Autoren und Verlag für die Richtigkeit von Angaben, Hinweisen, Links und Ratschlägen sowie eventuelle Druckfehler keine Haftung.

Das Buch bei GRIN: https://www.grin.com/document/1435976

Praxisprojekt

Internationale Hochschule Duales Studium

Studiengang: Immobilienwirtschaft

**Nachhaltigkeit von Bestandsimmobilien –
Sonnenenergie zur klimafreundlichen Wärmegewinnung**

Romy Alt

Abgabedatum: 19.09.2023

Inhaltsverzeichnis

Abbildungsverzeichnis

1 Einleitung

Nicht nur der Krieg in der Ukraine, welcher 2022 begonnen hat, ist eine Problematik. Dazu zählt inzwischen auch die mithin kommende Energiekrise. Diese Angelegenheit bereitet seit einigen Monaten Eigentümer:innen sowie den Mieter:innen und Eigennutzer:innen starke Kopfschmerzen. Die Preise für Öl und Gas steigen, wie kann also am besten Energie eingespart werden? In den meisten Eigentümerversammlungen steht, dieses Jahr, ein Tagesordnungspunkt zur Anbringung von Photovoltaik und die Einbeziehung eines Energieberaters an. Dieser Punkt führt in den Versammlungen, aufgrund der aktuellen Situation der steigenden Preise, immer häufiger zu heftigen Diskussionen. Um den betroffenen in diesem Punkt eine respektable Antwort geben zu können, wird in dieser Arbeit die Thematik der Energieeinsparung behandelt. Angesichts dessen, ist das Thema dieser wissenschaftlichen Arbeit „Nachhaltigkeit von Bestandsimmobilien – Sonnenenergie zur klimafreundlichen Wärmegewinnung", mit der Forschungsfrage: „Welche Art der Sonnenenergie ist nachhaltiger, um den Energieverbrauch einer Bestandsimmobilie einzusparen?"
In dieser Arbeit soll der Fokus auf die erneuerbaren Energien mit dem Schwerpunkt auf die Sonnenenergie gelegt werden. Dabei erfolgt eine Gegenüberstellung von Photovoltaik Anlagen und der Solarthermie. Das Ziel ist, eine Entscheidung treffen zu können, welche der beiden Arten erfolgsversprechend an Bestandsimmobilien angebracht wird und somit vorteilhafter ist.
Nachfolgend der Einleitung schließt sich zunächst die Theoretische Fundierung an. Hierbei lautet das Oberkapitel „Die Sonnenenergie". Darin werden vorläufig die Begriffsdefinitionen von Photovoltaik, Solarthermie und Nachhaltigkeit erläutert. Darauffolgend werden die Kosten von den zwei Varianten der Solarmodelle aufgezeigt sowie den möglichen Förderungsprogrammen mit einberechnet. Einen weiteren Unterpunkt zum nachhaltigen Handeln erfolgt ebenfalls in diesem Kapitel. Anschließend ergibt sich das Kapitel „Methodik" mit der Methodenwahl und Datenerhebung. Damit abgeschlossen resultiert die Analyse. Im ersten Unterkapitel werden die Forschungsergebnisse dargestellt. Darauffolgend sind die Hypothesen ein weiterer Punkt. In der ersten Hypothese wird die Behauptung aufgestellt, dass die Investition in Solaranlagen sich rentiert beziehungsweise ob sich die Ausgabe lohnt. Die zweite Hypothese beschäftigt sich damit, dass Photovoltaik der bessere Lösungsansatz ist. Zudem lautet Hypothese 3: „Bei keiner, bis wenig Sonne kann auch keine Energie gewonnen werden". Um diese Hypothesen zu klären, gibt es im Kapitel 4.3 die „Schlussfolgerung" worin Theorie und Analyse nochmals zusammengeführt wird. Im Vorletzten Gliederungspunkt handelt sich nun um die Handlungsempfehlungen für Wohnungs- und Hauseigentümer:innen, Implikation für die Praxis sowie eine Implikation für die Wissenschaft. Abschließend folgt das Fazit mit der Beantwortung der Forschungsfrage.

2 Die Sonnenenergie

2.1 Begriffsdefinition

Durch die Sonne elektrischen Strom erzeugen. Für diesen Vorgang wird, nach der aktualisierten Rechtschreibereform, der Begriff „Fotovoltaik" verwendet. Doch die weit verbreitete Bezeichnung „Photovoltaik" beziehungsweise „Photovoltaikanlage" ist als Nebenform zulässig und die alltäglichere Variante. Häufig wird von der verkürzten Form „PV", „Solarmodul" oder „Solarzelle" gebrauch gemacht, angesprochen wird allerdings dasselbe (Wittlinger, 2023, S. 1-2).

Der Ausdruck „Photovoltaik" enthält zwei Worte. Eines davon ist: „Photos". Diese Vokabel ist griechisch und bedeutet Licht. Das andere Wort ist „Volta". Abgeleitet von dem Pionier der Elektrotechnik Alessandro Volta (Wittlinger, 2023, S. 1-2).

Bei der Photovoltaikanlage wird durch die Sonnenstrahlen die Energie in Gleichstrom umgewandelt. Anschließend wird der gewonnene Gleichstrom durch einen Wechselrichter in Wechselstrom transformiert und kann infolgedessen für den eigenen Energiebedarf genutzt werden. Beispielsweise dazu sind Elektro- beziehungsweise Haushaltsgeräte. Wenn die Eigennutzung nicht sonderlich viel Strom in Anspruch nimmt, so wird der überflüssige Strom in das allgemeine Stromnetz eingespeist und dementsprechend honoriert (EnBW Energie, 2020).

Eine Photovoltaikanlage und eine Solarthermie Anlage werden zwar beide von der Sonneneinstrahlung betrieben, jedoch sind sie deutlich unterschieden. Die Solarthermie dient dazu, um Wärme zu erzeugen und warmes Wasser zu gewinnen (Wittlinger, 2023, S. 1-2). Dabei werden die solarthermischen Kollektoren auf dem Hausdach angebracht und sammeln Energie (EnBW Energie, 2020). Solche Kollektoren werden mit Wasser durchströmt und nehmen die gewonnene Wärme anschließend auf. Zuletzt entzieht ein Wärmetauscher die Wärme und wird in einen Speicher übertragen. Von da ausgehend wird die Wärme an Heizkörpern oder Wasserhähne befördert.

Was bedeutet der Begriff „Nachhaltigkeit" oder „nachhaltige Entwicklung"? Nachhaltige Entwicklung ist seit der UN-Konferenz 1992 in Rio de Janeiro für Umwelt und Entwicklung akzeptiert worden als globales Leitprinzip. Nachhaltigkeit bedeutet also, dass die Chancen für nachfolgende Generationen, durch Bedürfnisbefriedigung im Jetzt, nicht verringert werden (Bundesministerium für wirtschaftliche Zusammenarbeit und Entwicklung, 2023). Im Jahr 1994 entwickelten sich die drei Säulen nachhaltiger Entwicklung. Ökonomie, Ökologie und Soziales. Anfangs wurden die drei Ziele als Konkurrenz betrachtet und die Nachhaltigkeit als unerreichbares Bestreben angesehen. Doch seit mehreren Jahren überragt die Überzeugung, dass zwischen ökonomische, gesellschaftliche und umweltbezogene Chancen und Risiken eine Balance erreicht werden kann (Mayer, 2020, S. 3-4).

2.2 Kosten und Förderungen

Die Überlegung über die Anschaffung einer Solaranlage bringt vielerlei Gedankengänge mit sich. Dabei dominiert bei vielen Haushalten der Kostenpunkt. Auch dabei gibt es unterschiedliche Arten und Modelle wie eine Photovoltaikanlage finanziert werden kann. Der klassische Weg ist dabei, eine Solaranlage zu kaufen (Van Noy, 2023). In den vergangenen Jahren sind die Anlagen erheblich preiswerter geworden angesichts der niedrigen Zinsen und Förderungen. Mit eigenen Solarplatten kann der eigene gewonnene Strom gespeichert werden. Somit wird die Unabhängigkeit von dem öffentlichen Netz gesteigert und die zunehmenden Strompreise belanglos. Mit dem Kauf sowie Anbringung auf dem Dach einer Immobilie wird der Wert dieser nachhaltig gesteigert (Energieversum, 2021). Doch um den Wert einer Immobilie steigern zu können, muss vorerst eine Anschaffung getätigt werden. Am Beispiel eines klassischen Einfamilienhauses liegen die Bruttokosten für eine Photovoltaikanlage bei circa 8.000 bis 15.000 Euro. Dieser Aufwand beinhaltet das Material für die Anlage sowie für die Photovoltaik-Module. Hinzu kommen noch Kosten für den Wechselrichter, diese betragen 1.200 bis 2.500 Euro. Die Montage der Anlage und optional einen Stromspeicher zum Einspeisen kostet zusätzlich erneut 1.600 bis 3.000 Euro. Laufende Kosten, wie zum Beispiel für die Wartung, kann pro Jahr 250 Euro hinzugezählt werden. Zusammengerecht mit den ungefähren Mittelwerten kommen Anschaffungskosten in Höhe von 15.450 Euro raus (Dorrmann, 2023).

Neben dem Modell eine Solaranlage zu kaufen, gibt es auch die Variante diese zu mieten. Ebenfalls wie bei dem Kauf, werden die Nutzer:innen stetig ungebundener von den Strompreisen. In der Zeit, wo das Thema nachhaltige Energiegewinnung immer größer wurde, ist nun auch das Mieten einer Solaranlage anspruchsvoller geworden. Denn dabei fallen mitunter die Anschaffungskosten weg (Van Noy, 2023). Bei der Mietanlage wird eine monatliche Fixsumme von dem jeweiligen Anbieter festgelegt in dessen Kosten wie Wartungen, Reparaturen sowie Reinigungen mit einberechnet sind. Prinzipiell sind die Mieter damit viel Aufwand und Verantwortung los, sie müssen sich allerdings um Aufgaben für die Verwaltung, wie zum Beispiel Mehraufwand in der Steuererklärung oder Abrechnung mit dem Energieversorger, eigenständig kümmern. Zurückkommend auf das klassische Einfamilienhaus, welches circa 8 kWp[1] (Kilowatt-Peak) nutzt, fällt monatlich eine Miete von ungefähr 130 Euro an. Unter Berücksichtigung der durchschnittlichen Laufzeit einer Photovoltaikanlage, welche 20 Jahre beträgt, werden zum Abschluss für die Miete 31.200 Euro anfallen (Dorrmann, 2023).

Ähnlich, aber nicht gleich, ist es bei einer Solarthermie Anlage. Auch dabei variieren die Kosten auffallend je nach Verwendung und Verfügbare Dachfläche. Doch hierbei wird nicht zwischen Mieten oder Kaufen unterschieden, sondern zwischen den unterschiedlichen Arten von Kollektoren. Die Kosten setzten sich aus 50 Prozent für die Kollektoren und 50 Prozent für den Solarspeicher sowie Installation zusammen. Ausschließlich zur Gewinnung von Warmwasser muss in etwa 4.000 bis

---

[1] Besonderes Maß, welches lediglich zur Leistungsmessung für Photovoltaikanlagen genutzt wird (Kümpel, 2023).

5.000 Euro für Fünf Quadratmeter investiert werden. Mit dem Verwendungszweck, Warmwasser und Heizung an die Solarkollektoren anzuschließen, sollten auf Zehn Quadratmeter 8.000 bis 10.000 Euro Anschaffungskosten einberechnet werden. Hinter diesen Zahlen stehen die herkömmlichen Flachkollektoren (siehe Beispiel Anhang A). Die Röhrenkollektoren (siehe Beispiel Anhang B) sind um einiges teurer, dafür wird aber von weniger Kollektoren für die gleiche Leistung Gebrauch gemacht. Wie bei Photovoltaikanlagen gibt es auch bei der Solarthermie jährliche laufende Kosten wie Wartung, Versicherung und Stromkosten für den Betrieb der Pumpe, welche noch hinzukommen. Pro Jahr betragen die Aufwendungen einer Solarheizung etwa 100 Euro bis 150 Euro (Van Noy, 2023). Schlussfolgernd betragen die Anschaffungskosten für die gängigen Flachkollektoren circa 4.630 Euro und für die Röhrenkollektoren 9.630 Euro. Im Anhang C ist eine ausführliche Tabelle dargestellt mit Vor- und Nachteilen aller Kollektoren.

Doch da kommt die Frage auf, muss der komplette Betrag selbst bezahlt werden oder gibt es staatliche Förderung zur Anbringung von Solarthermie Anlagen sowie Photovoltaikanlagen? Die Antwort darauf ist zwiegespalten. Von den staatlichen Förderungen kann bei der Anbringung von Solarthermie profitiert werden. Allerdings wird auch hierbei zwischen den Flach- und Röhrenkollektoren unterschieden. Für eine Genehmigung zur Förderung müssen einige Mindestvoraussetzungen erfüllt sein. Bezüglich der Flachkollektoren Anlage muss Minimum ein Speicher mit 40 Liter pro Quadratmeter Kollektorenfläche und Neun Quadratmeter Kollektorenfläche allgemein vorhanden sein. Bei den Röhrenkollektoren sind die Mindestvoraussetzungen 50 Liter Speicher pro Quadratmeter Fläche und Sieben Quadratmeter Kollektorenfläche. Sind diese Bedingungen erfüllt, kann somit bis zu 25 Prozent Förderungsmittel vom Bundesamt für Wirtschaft und Ausfuhrkontrolle (BAFA) beantragt werden. Zusätzliche Zehn Prozent der förderfähigen Investitionskosten können beim Ersetzen einer alten Heizung beansprucht werden (Van Noy, 2023).

Bei den Photovoltaikanlagen gibt es noch einige mehr Varianten zur Förderung. Die unterschiedlichen Möglichkeiten der Fördergelder für Solaranlagen zur Stromerzeugung sind das EEG (Erneuerbare-Energien-Gesetz) / Einspeisevergütung, EEG-Förderung „Marktprämie" / Post-EEG-Anlagen, KfW-Förderung, Mieterstrom, BEG (Bundesförderung für effiziente Gebäude), Regionale Förderungen der Bundesländer. Die Einspeisevergütung von Photovoltaik ist der Hauptpunkt der EEG – Förderungen 2023. Dabei wird für das Einspeisen des selbst erzeugten Stromes in das öffentliche Netz Geld ausgezahlt. Daher, dass eine Solaranlage 20 Jahre Inbetriebnahme ist, wird die Vergütung auch auf diesen Zeitraum von dem jeweiligen Netzbetreiber ausgezahlt. Am Beispiel eines Einfamilienhauses mit einer Anlage von Neun kWp, speist diese pro Kilowattstunde 8,2 Cent ein. Nach Ablauf der 20 Jahre fällt die Solaranlage aus der Einspeisungsförderung raus und gilt als „Post-EEG-Anlage". Die EEG-Förderung „Marktprämie" für Strom abgelaufener über 20 Anlagen / Post-EEG-Anlagen ist mit der in Kraft getretenen EEG-Förderung 2021 abgelaufen. Der KfW-Kredit für Photovoltaikanlagen macht die Finanzierung deutlich verträglicher. Mit der Förderung „Erneuerbare Energien – Standard", auch KfW-Kredit 270 genannt, wird die Stromerzeugung von Erneuerbaren Energien aus Solar an Fassaden, Dächern oder Freiflächen gefördert. Erzeugter Strom durch ein Blockheizkraftwerk oder eine Solaranlage, welche an die angeschlossenen Haushalte weitergeführt wird, ist als Mieterstrom zu bezeichnen. Auch hierbei wird das Einspeisen vergütet und wird als „Mieterstromzuschlag" definiert. Dafür gibt es bis Zehn Kilowattstunden einen Mehrpreis von 2,669 Cent. Die Bundesförderung für effiziente Gebäude (BEG) vereint das EEG mit der Förderung für Energieeffizienz. Eine Direktförderung gibt es dabei allerdings nicht, da bei der BEG-Förderung jedoch jegliche Energieeffizienz eingeschlossen wird, wird bei Photovoltaikanlagen indirekt durch Regionale Förderungen gefördert (Frahm, 2023). Das Mieten einer solchen Anlage bezieht aus den Förderungen keine Vorteile, denn die Variante des Mietens hat keinen Anspruch auf Förderung durch Länder und Staat (Energieversum, 2021).

2.3 Nachhaltigkeitsstrategie

Eine nachhaltige Entwicklung dynamisieren. Dazu werden drei verschiedene Strategien in einem cleveren Zusammenspiel benötigt. Effizienz, Konsistenz und Suffizienz (Naumann, 2023). Seit dem Jahr 1992 zählt die nachhaltige Entwicklung zu den wichtigsten nationalen und internationalen Zielen, die umgesetzt werden sollen. Deutschland setzt für die Entwicklung auf den Energiesektor und leitet die Energiewende durch Kopplung von Konsistenz-, Effizienz- und Suffizienzstrategien ein (Gallego Carrera, Wassermann, & Zech, 2012, S. 45)

Abb. 1 Suffizienz, Effizienz, Konsistenz Beispiele

Anmerkung der Redaktion: Die Abbildung wurde aus urheberrechtlichen Gründen entfernt.

Quelle: Übernommen aus bund-bawue.de

Die Bezeichnung Suffizienz geht nach dem Prinzip „weniger ist mehr" und steht für Genügsamkeit. Dieser Begriff wird mit einer maßvollen Handhabung von Ressourcen verbunden. Dabei wird die materialintensive Lebensführung von Verbraucher:innen untersucht mit deren Konsumverhalten. Diese Strategie hat das Bestreben einer Verhaltensänderung in Bezug auf Umgang mit Dienstleistungen und Güter. Dabei bedeutet es, sich auf das nötigste zu beschränken. Als mögliches Beispiel wäre die Nutzungsdauer von Gebrauchsgütern zu verlängern und untereinander zu teilen, statt neu zu kaufen. Die Suffizienzstrategie wird von vielen Menschen eher ablehnend aufgenommen, aufgrund der Voraussetzung zum Verzicht und Bescheidenheit zur Ressourcenschonenden Lebensweise. Anders als bei der Suffizienz spielt im Effizienten Ansatz die Quantität keine bestimmte Rolle. In diesem Punkt handelt es sich um den optimierten Umgang von Input und Output. Dabei wird der Zusammenhang zwischen Nutzen und Aufwand als Effizient gekennzeichnet. Durch den Einsatz von verbesserten Organisationsabläufen, Technik und zusätzlichen Maßnahmen kann der Effizienzgrad deutlich gesteigert werden. Zum Beispiel durch den Austausch von einer herkömmlichen Glühlampe zu LED. Der letzte strategische Ansatz zur nachhaltigen Entwicklung ist der Begriff Konsistenz. Dabei handelt es sich nicht um einen ärmlichen oder optimierten Einsatz von Ressourcen, sondern um eine vernünftige und ökologische Verwendung von Ressourcen. Mit anderen Worten steht der Begriff für Vereinbarkeit. In Bezug der Ökologie bedeutet dies, eine umweltverträgliche Struktur einen von Menschen hergestellten Stoff- und Energiebedarf (Leifer, 2020, S. 49-88)

3 Methodik

3.1 Methodenwahl

In dieser wissenschaftlichen Arbeit wurde die Quantitative Forschung als auch die Qualitative Forschungsmethode gewählt. Die Hypothesen sind anhand einer Deduktion aus der Theorie abgeleitet.

Mit der Quantitativen Methode hat sich eine Online-Befragung angeboten. Dabei erhält jeder exakt den gleichen Fragebogen und die Befragten können die Antwort, ohne Einflussnahme, frei entscheiden. Die bereits aufgestellten Hypothesen können somit präzise geprüft und Ergebnisse verglichen werden. Der Vorteil einer solchen Befragung ist, dass zum Schluss eine übersichtliche statistische Auswertung der Ergebnisse entsteht und dabei zu einem hohen Grad von Objektivität führt. Außerdem sind damit ein geringer Aufwand sowie Kosten verbunden. Nachteil einer solchen Methode ist, dass, durch die hohe Standardisierung, die Antworten bereits feststehen und die Befragten keine andere Antwortmöglichkeit geben können. Somit können individuelle Gedankengänge verloren gehen und neue Perspektiven können nicht entstehen (Beyer, 2018, S. 18).

Eine weitere Forschungsmethode wurde deshalb gewählt, um ein Experteninterview mit einzubringen. Um nicht ausschließlich die Meinung der Bürger:innen auszuwerten, sondern auch Expert:innen dieses Fachgebietes anzusprechen. Dieses Interview zählt unter die Qualitative Forschungsmethode. Die Vorteile von Qualitativen Methoden ist zum einen, dass durch die Persönliche Kommunikation die Möglichkeit besteht, eventuelle Hintergründe zu einem Thema zu erfragen. Zum anderen wird durch die offene Befragung ein tieferer Informationsgehalt erhalten. Jedoch gibt es auch hierbei einige Nachteile. Ein Interview jeweils Vor-und nachzubereiten ist sehr zeitintensiv. Zudem muss die Transkription in Textform übertragen werden und ist meist auch mit hohen Anforderungen belegt (Prof. Dr. Röbken & Wetzel, 2016, S. 15)

3.2 Datenerhebung

Um das Ziel der Methodik zur Ansammlung von Daten sowie die dazugehörige Organisation und Analyse näher zu erläutern, gibt es einige Detailfragen zu beseitigen. In der Quantitativen Forschung, mittels einer Umfrage, wird auf Menschen mittleren Alters gezielt, welche ansässig in einem Wohnhaus sind. Befragt werden dazu 34 Personen in einem Zeitraum vom 04. Juli 2023 bis 16. Juli 2023. Beinhaltet sind in der Umfrage insgesamt Sieben Fragen. Dabei werden die Proband:innen zu dem Thema Photovoltaik und Solarthermie befragt. Diese werden zum Online-Fragebogen über einen Link weitergeleitet. Der Fragebogen wird über die Plattform „survio.com" erstellt, wobei im Hintergrund die Daten aufgenommen werden und zur späteren Datenauswertung abgespeichert. Die Befragten können innerhalb des geöffneten Zeitraumes frei wählen, wo und wann der Fragebogen ausgefüllt werden soll und sind somit nicht an ein vorgegebenes Zeitfenster gebunden.

Die weitere, Qualitative Forschung, umfasst das Experteninterview. Hierbei wird ein gelehrter Fachmann in Solaranlagen und Solarthermie kurz interviewt. Aus zeitlichen Gründen kann das Gespräch nicht persönlich durchgeführt werden, sondern telefonisch. Das Interview besteht aus 11 kurzen aber inhaltlich wichtigen Fragen. Diese Fragen sind ähnlich abgestimmt zu dem Online-Fragebogen, um den Zusammenhang darzustellen. Das telefonische Gespräch wird zusätzlich mit der App „Diktiergerät Pro" aufgezeichnet um dieses zukünftig wiederholt gut nachvollziehen zu können.

4 Analyse

4.1 Forschungsergebnisse

In dem zugänglichen Einwöchigen Online-Fragebogen zur Sonnenenergie wurden insgesamt 34 Fragebögen gestartet. Von diesen 34 gestarteten Umfragen wurden jedoch Neun nicht beendet und 25 erfolgreich abgeschlossen. Daraus entsteht eine Vollständigkeitsrate von 73,5 Prozent. Aufgrund einer geringen Anzahl an Fragen haben die Proband:innen etwa Ein bis Zwei Minuten zur Beantwortung benötigt.

Die erste Frage (siehe Anhang D) des Fragebogens handelt sich darum, ob die Befragten in einem Einfamilien- oder Mehrfamilienhaus wohnen. Dabei ist eine deutliche Mehrheit im Eigenheim entstanden mit 76 Prozent. Ähnliches Ergebnis ist bei der zweiten Frage: „Wissen Sie, was Solarthermie ist?" entstanden. Wie in der Grafik abgebildet, hat sich ein interessantes Ergebnis herauskristallisiert. Im Umkehrschluss bedeutet dies, dass weniger als die Hälfte der

Abb. 3 Statistik Frage 2

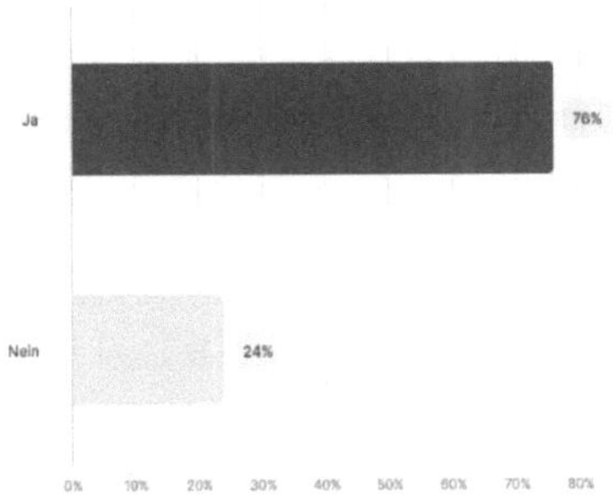

Quelle: Übernommen von survio.com

Befragten nicht darüber informiert ist, was Solarthermie überhaupt ist. Denn 76 Prozent haben ausschließlich Kenntnis über die herkömmlichen Photovoltaikanlagen. Folgend auf die Frage Zwei resultieren auf den nächsten Punkt noch deutlichere Ergebnisse. Die

Abb. 2 Statistik Frage 3

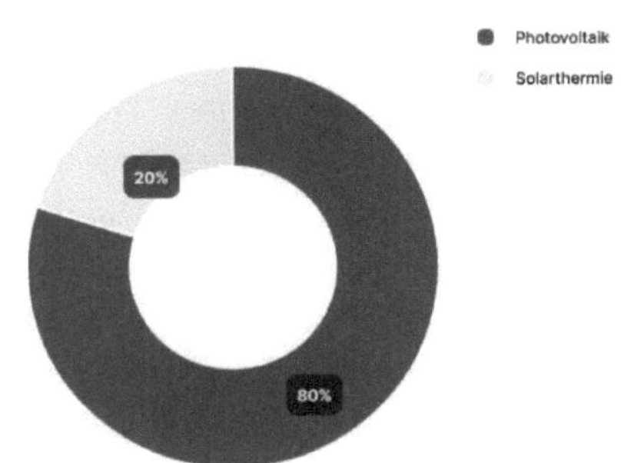

Quelle: Übernommen von survio.com

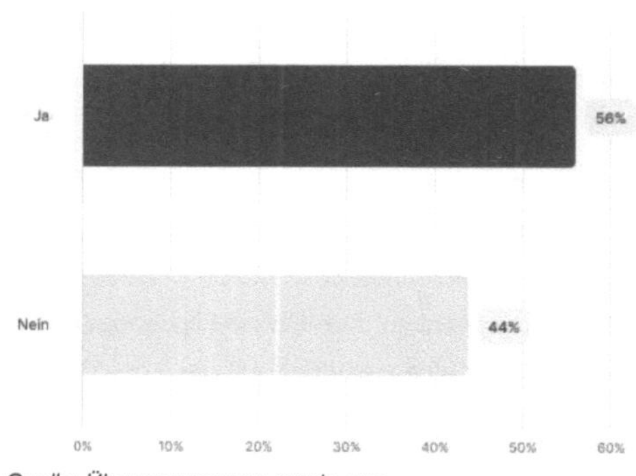

Quelle: Übernommen von survio.com

Frage Drei lautet: „Bevorzugen Sie Photovoltaik oder Solarthermie?". Diese, im Kreisdiagramm dargestellte, Statistik zeigt im Vergleich zu Abbildung Eins klare Ergebnisse mit runden Zahlen. Aufgrund der Auswertung in Frage Zwei, sind auch dementsprechend die deutliche Mehrheit der Befragten für die Photovoltaikanlagen. Dies zeigt der dunklere Ring mit 80 Prozent im Gegensatz zu dem hellen Ring „Solarthermie" mit 20 Prozent. In der Vierten Frage, „Besitzen Sie eine Solaranlage?", hat sich eher ein umstrittener Endstand entwickelt. Am Anfang dieser Umfrage war das Antwortfeld „Nein" sehr gering, sodass überwiegend die Proband:innen eine Solaranlage besitzen. Doch das Resultat zum Ende dieser Umfrage hat sich allerdings wieder etwas verändert. Die Anzahl an Besitzer:innen einer solchen Anlage ist dann doch deutlich gesunken und es sind knapp nur noch 12 Prozent mehr. Die nachfolgende Frage ist abhängig von der Antwort zu Frage Vier. Falls Ja, also eine Solaranlage im Besitz ist, folgt die

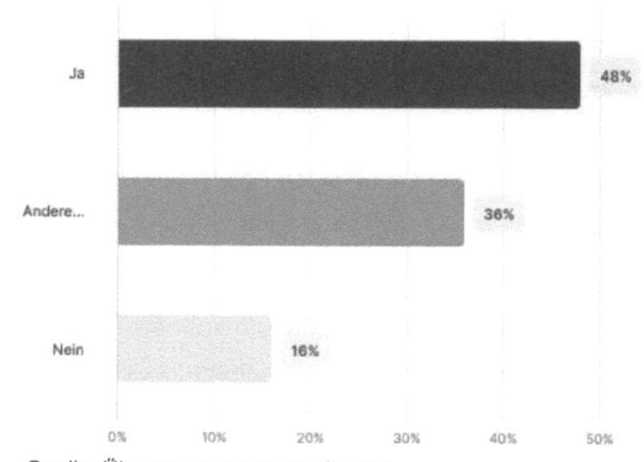

Quelle: Übernommen von survio.com

Frage Fünf mit: „Wenn Ja, hat sich die Investition einer Solaranlage gelohnt?". Eine Zufriedenstellende Antwort ist, dass sich die Investition für 48 Prozent der Befragten lohnt und nur eine geringe Anzahl für „Nein" gestimmt hat. Die dritte Auswahlmöglichkeit „Andere" steht dabei lediglich dafür, dass die Befragten ohne Besitz einer Solaranlage auch zur nächsten Frage gelangen. Dies betrifft also die restlichen 36 Prozent, welche diesbezüglich votiert haben. Die darauffolgende Fragestellung ist somit die Alternativantwort zur Frage Fünf. Folgend heißt die Sechste Frage nun: „Wenn nein, würden Sie sich eine Solaranlage zulegen?". Auch diese ist eine schlichte Ja – Nein Frage. Im Ergebnis haben sich 76 Prozent dafür entschieden, dass sie sich eine solche Anlage zulegen würden und 24 Prozent keine besitzen wollen. Anschließend folgt bereits der Siebte und somit letzte Punkt auf der Agenda dieser Befragung. Darin handelt es sich zu guter Letzt nochmal um den persönlichen Standpunkt der Befragten mit: „Sind Sie der Meinung, dass die Sonnenenergie die klimafreundlichste Wärmegewinnung ist?". Theoretisch ist ein klares Ergebnis für „Ja" entstanden, jedoch mit einer ungeraden Prozentzahl. Der Überzeugung, dass die Sonnenenergie am klimafreundlichsten ist, sind 79,2 Prozent und der Gegenteiligen Meinung sind 20,8 Prozent.

In der zweiten Forschungsmethode wurde ein Experteninterview durchgeführt, welcher die Beantwortung der Forschungsfrage aus einer anderen Sicht unterstützt. Das Interview wurde am 20.07.2023 um 9:30 mit Sebastian Hron durchgeführt. Herr Hron ist der Geschäftsführer von Hron Sonnenstrom GmbH. Insgesamt ging das Interview acht Minuten und 49 Sekunden. Aus der Transkription im Anhang E ergeben sich ebenfalls interessante Ergebnisse. Am Anfang des Interviews wurde die Frage gestellt, ob die Sonnenenergie die klimafreundlichste Wärmegewinnung ist und diese wurde von Herrn Hron als deutlich sinnvoll beantwortet sowie das sich die Investition in Sonnenenergie auf jeden Fall rentiert. Jedoch ist bei erneuerbaren Energien das Wetter eine wichtige Rolle, also wie ist es bei schlechtem Wetter wenn keine Sonne scheint? Erwidert wurde diese Frage mit einer interessanten Antwort: „Je wärmer es wird, desto schlechter ist die Effizienz" (S. Hron, Geschäftsführer von Hron Sonnenstrom GmbH, persönliches Interview am 20.07.2023, siehe Anhang E). Begründet wurde das damit, dass bei extremer Hitze, wenn sich das Modul stark erhitzt, die Leistung einbricht. Um die beste Leistungskurve von Solarmodulen zu erzielen, sollte es kühl und sonnig sein. Eine weitere wissenswerte Frage ist, wie es zukünftig verläuft mit Photovoltaikanlagen und Solarthermie. Der Experte ist der Meinung, um die Klimaziele der Bundesregierung Folge zu leisten, sollte der Anbau von Sonnenenergie mehr gefördert und Möglichkeiten weiter eröffnet werden. Die letzte Angelegenheit handelt sich um das Mieten oder Kaufen. Der Interviewte ist der Überzeugung, dass der Kauf immer eine bessere Variante ist denn laut Herrn Hron lohnt es sich nicht eine Anlage zu mieten, da kann auch direkt eine Finanzierung bei der Bank gemacht werden. Abbezahlt werden muss beides, ob bei der Bank oder den jeweiligen Solaranlagen Anbieter.

4.2 Hypothesen

Aus der Literatur ist nicht klar abzuleiten, welches Modell der Sonnenenergie nun das effektivste für eine Bestandsimmobilie darstellt. Sowie, ob sich die Anschaffung wirklich rentiert und wie Klimafreundlich diese ist. Deshalb ist es in der Folge interessant zu erheben beziehungsweise herauszufinden, wie sich dieses beantworten lässt aus der Literatur und den Forschungsergebnissen.

Anhand der in dieser Arbeit aufgeführten Literatur wurden durch die deduktive Herangehensweise Hypothesen abgeleitet und gebildet. Entstanden sind daraus drei Hypothesen. In der ersten Hypothese handelt es sich direkt zuerst einmal um die Kosten. Ein sehr wichtiger Standpunkt, um zu wissen, ob sich eine solche Investition wirklich lohnt. Folgendermaßen heißt die erste Hypothese: „Die Investition in Solaranlagen rentiert sich". Aus der Theorie, in Kapitel 2.2 Kosten und Förderungen, kann nicht eindeutig abgeleitet werden, ob sich die Investition nun rentiert oder nicht. Deshalb wird als erste Hypothese die Behauptung aufgestellt, dass sich die Investition in eine Solaranlage lohnt.

Die zweite Hypothese handelt sich um eine Entscheidung. Solarthermie oder Photovoltaik, deshalb wird hierbei die Aussage „Photovoltaik ist die bessere Lösung" festgelegt. Denn ebenfalls aus dem Kapitel 2.2 ist nicht genau herauszufiltern, welche der beiden Varianten besser geeignet wären. Hierbei soll also dass „entweder / oder" geklärt werden.

Des Weiteren wurde eine dritte und letzte Hypothese aufgestellt. In dieser handelt es sich um den Fall des schlechten Wetters. Gerade in Deutschland ist schlechtes Wetter ein interessanter Fakt, da sowie in, als auch außerhalb der Sommermonate viel Niederschlagswetter herrscht. Dazu ist eine Statistik der monatlichen Niederschlagsmenge in Deutsch-

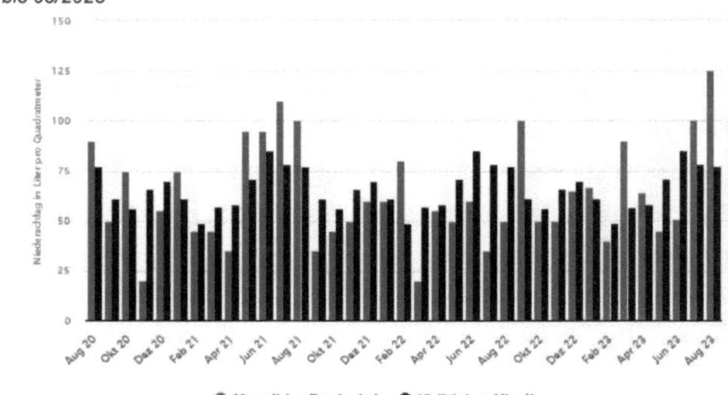

Abb. 6 Durchschnittlicher monatlicher Niederschlag in Deutschland von 08/2020 bis 08/2023

Quelle: Übernommen von statista.com

land von statista.com dargestellt. Die blauen Säulen stellen dabei den monatlichen Durchschnitt im Jahr dar und die schwarzen Säulen das vierteljährige Mittel. Darin ist deutlich zu erkennen, dass im Juni und August 2023 der durchschnittliche Niederschlag 125 Liter pro Quadratmeter betrug und das vierteljährige Mittel [2] bei 77 Liter pro Quadratmeter liegt. Die folgende Hypothese lautet also: „Bei wenig bis keiner Sonne kann auch keine Energie gewonnen werden". In den vorherigen Kapiteln wurde auf die Thematik des schlechten Wetters noch nicht viel eingegangen und sollte deshalb ebenfalls geklärt werden.

4.3 Datenauswertung

Die im Unterkapitel 4.2 anhand der Theorie abgeleiteten Hypothesen werden in diesem Textabschnitt auf Signifikanz überprüft und ausgewertet. Anhand der Forschungsergebnisse kann festgestellt werden, wie wahrscheinlich die Hypothese ist oder nicht. Aufgrund dessen kann abgeleitet werden, ob die Hypothese bestätigt oder widerlegt wird.

Hypothese 1: Die Investition in Solaranlagen rentiert sich.

Aus der Umfrage ergebend besitzen bereits 56 Prozent der Befragt:innen eine Solaranlage, was eine gute Grundlage zur Beantwortung dieser Hypothese bildet. In folgender Frage, aus der Abbildung 5 zu entnehmen, wurde dann drauf eingegangen, ob sich die Investition gelohnt hat. Dabei waren 48 Prozent einer positiven Meinung. Also wird diese Hypothese von den Umfragen Teilnehmer

---

[2] Bezieht sich auf den Zeitraum von 1961 bis 1990 und ist ein festgelegter internationaler klimatologischer Referenzzeitraum (Statista Research Department, 2023).

als „JA" beantwortet. Jedoch sind das nur die privaten Meinungen. Was sagt ein Experte in diesem Fachgebiet dazu? Auch dieser beantwortete diese Frage aus dem Interview (siehe Anhang E) deutlich mit „JA". Außerdem können damit auch die Nachhaltigkeitsstrategien aus Kapitel 2.3 erfüllt werden. Eine Glühlampe durch eine LED Lampe zu ersetzen spart zusätzlich Strom ein und es kann mehr von dem gewonnenen Strom eingespeist werden. Daher kann die Hypothese eins mit doppelt „JA" bestätigt werden sowie der Erfüllung von einer Nachhaltigkeitsstrategie. Die Behauptung, dass sich die Investition in Solaranlagen lohnt, kann also bewiesen werden.

Hypothese 2: Photovoltaik ist die bessere Lösung.

Im Kapitel 2.2 wurden die Kosten von Solarthermie als auch von Photovoltaik aufgelistet und erklärt. Dabei ergab sich bei der Solarthermie ein Ergebnis von 4.600 bis rund 10.000 Euro Anschaffungskosten. Für die Photovoltaikanlagen wurde aufgeschlüsselt in Mieten oder Kaufen. Bei der Variante des Mietens ergab sich eine Summe von 31.200 Euro und beim Kauf 15.450 Euro (jeweils ohne Förderungen). Auf den ersten Blick ist Solarthermie in der Theorie der günstigere Lösungsansatz. Doch bestätigt es sich auch so in der Praxis? Dem befragten Experten, Herr Hron, aus dem Interview vom 20.07.2023 wurde direkt in der zweiten Fragestellung damit konfrontiert. Er antwortete daraufhin, dass Photovoltaik der bessere Lösungsansatz ist, denn dieser auch vielseitiger einzusetzen ist. Mit der Solarthermie kann nur Warmwasser erzeugt werden, wobei mit einer Solaranlage Strom als auch die Heizungsanlage angeschlossen werden kann. Schlussfolgernd ist diese Hypothese zwiegespalten. In der Anschaffung ist eine Solarthermie Anlage kostengünstiger als eine Photovoltaikanlage, jedoch langfristig gesehen hat die Solaranlage einen vielseitigeren Nutzen. Aufgrund dessen und Meinung des Experten lässt sich diese Hypothese ebenfalls bestätigen. Somit kann gesagt werden, dass Photovoltaik die bessere nachhaltige Lösung ist.

Hypothese 3: Bei wenig, bis keiner Sonne kann auch keine Energie gewonnen werden.

Wenn der Himmel bewölkt ist und kaum Sonne scheint, kann doch eigentlich auch kein Strom durch die Solarplatten erzeugt werden. Doch ist die Aussage wirklich richtig? Diese Frage musste im Experteninterview beantwortet werden. Die Auffassung wurde durch Herrn Hron widergelegt. Im Kapitel 4.1 der Forschungsergebnisse wurde bereits erwähnt, dass die Solarzellen eine Leistungskurve haben und je kühler es ist, desto effektiver sind diese. Also sowie bei schlechten als auch bei gutem Wetter wird Strom erzeugt. Schlussfolgernd kann die Behauptung verworfen und daher nicht bestätigt werden. Denn wie vom Fachmann im Anhang E erklärt, wird auch Strom bei schlechtem Wetter erzeugt.

5 Handlungsempfehlungen

5.1 Implikation für Eigentümer

Die Energiepreise steigen und die Eigentümer:innen fragen sich, wie können sie am besten Strom einsparen und sich bestmöglich von den steigenden Energiepreisen zu verschonen. Darunter zählen nicht nur die Eigentümer:innen eines Einfamilienhauses, sondern auch Eigentümer:innen einer Wohnung die zur Eigennutzung beiträgt oder vermietet wird. Sein Preis bezahlen muss jeder, jedoch kann durch verschiedene Konzepte dieser Preis gegebenenfalls verringert werden. Dazu ist es förderlich, durch die Anschaffung von Solarpaneelen die Nachhaltigkeit der Bestandsimmobilie zu erhöhen.

Die Forschungsergebnisse zeigen, dass fast die Hälfte der Befragten der Überzeugung ist, dass sich die Investition in Solaranlagen lohnt. Außerdem haben knapp 80 Prozent der Teilnehmer:innen dafür gestimmt, dass die Sonnenenergie die klimafreundlichste Wärmegewinnung ist.

Dazu sind konkrete Maßnahmen erforderlich. Zum einen spielen dabei die Eigentümer:innen selbst eine Rolle. Diese suchen sich die Art der Sonnenenergie aus, in welche investiert werden soll. Aus der Datenauswertung im Kapitel 4.3 geht hervor, dass dabei die nachhaltigere Variante die Photovoltaikanlagen sind. Dabei kann der Staat mit unterschiedlichen Fördermittelprogramme die Eigentümer:innen unterstützen. Jedoch sollte dabei aufgepasst werden, denn eine Solaranlage zu mieten wird von dem Staat nicht unterstützt. Zum anderen sind auch die Anbieter wichtige Faktoren. Es gibt viele Anbieter zur Anbringung von Solaranlagen auf dem Markt. Um diese sorgfältig zu parallelisieren, können über sämtliche Vergleichsportale vorab Informationen eingeholt werden zudem was angestrebt wird für die Bestandsimmobilie.

5.2 Praktische Implikation

Nicht allein die unterschiedlichen Eigentümer:innen müssen sich Gedanken machen, wie sie die Immobilie nachhaltiger gestalten können durch Sonnenenergie, sondern auch die Solarstrom Anbieter. Daher, dass es, wie im Kapitel 2.2 Kosten und Förderungen erklärt wurde, mehrere Variationen von Solaranlagen mit unterschiedlichsten Förderungsmitteln existieren, müssen sich die Fachexperten schlüssig sein auf was sie ihren Fokus legen wollen. Der Geschäftsführer von Hron Sonnenstrom GmbH aus dem Experteninterview bezieht sich zum Beispiel nur auf den Verkauf von Solarstrom. Aufgrund dessen, dass sein Unternehmen die Struktur zum Vorfinanzieren, beim Mieten einer Solaranlage, nicht aufgestellt ist. Wenn allerdings die Nachfrage an Mieten einer Solaranlage steigt, ist als Empfehlung angedacht, dass die Unternehmen sich dann auch dementsprechend anpassen, um den Nachfragern das bieten zu können was sie wollen.

Ebenfalls bezogen auf das Interview handelt es sich nun um die Problematik der Klimaziele der Bundesregierung. Bis 2030 sollen 11 Gigawatt dazu gebaut werden. Das bedeutet, dass in den nächsten sieben Jahren 50 Prozent mehr an Solaranlagen gebaut werden muss anstatt was überhaupt in den letzten 20 Jahren gebaut wurde. Hier sollte also der Staat eingreifen und sich überlegen, was ist realistisch und wie könnten wir das weiterhin fördern, um die gesetzten Klimaziele auch zu erreichen.

5.3 Wissenschaftliche Implikation

Auch in einer wissenschaftlichen Arbeit gibt es Grenzen. Gewisse Themengebiete, welche aus Platz- und Zeitgründen nicht so ausführlich erläutert werden können bis hin zu kompletter Auslassung einer Thematik. Eine wichtige Limitation in dieser Arbeit wurde bereits im Kapitel 4.2 der Hypothesen Aussagen erwähnt. In der Theorie konnte nicht geklärt werden, wie die Solarplatten mit schlechtem Wetter umgehen. Daher, dass diese Angelegenheit nicht weiter erläutert wurde, können zukünftige Verfasser:innen bei dem schreiben einer wissenschaftlichen Arbeit darauf eingehen und erklären, wie genau das mit bewölktem Himmel ist.

Des Weiteren steht noch eine Limitation dieser Arbeit offen, worüber zukünftig ebenfalls geschrieben werden könnte. Denn in der Theorie wurde nur über Kosten sowie Förderungen und Nachhaltigkeitsstrategien geschrieben. Eine weitere interessante Thematik ist deshalb, wie die Solarkollektoren aufgebaut sind beziehungsweise wie der Ablauf ist, um Strom oder Wärme zu gewinnen und demzufolge auch einspeisen zu können. Sowie von Photovoltaikanlagen als auch von der Solarthermie.

6 Fazit

„Welche Art der Sonnenenergie ist nachhaltiger, um den Energieverbrauch einer Bestandsimmobilie einzusparen?". An dieser Forschungsfrage wurde sich in dieser wissenschaftlichen Arbeit orientiert sowie informiert. Fokus wurde hierbei also auf die Photovoltaikanlagen und die Solarthermie Kollektoren gelegt. Das Ziel war, eine Entscheidung treffen zu können, welche der beiden Varianten Erfolgversprechend an Bestandsimmobilien angebracht werden und somit vorteilhafter sind.

Nach den Begriffsdefinitionen folgten die Kosten. Bei der Photovoltaikanlage entstanden Anschaffungskosten in Höhe von circa 15.450 Euro. Zur Miete eines solchen Modelles entstanden zum Abschluss circa 31.200 Euro. Bezüglich der Solarthermie wurde bei Flachkollektoren Anschaffungskosten in Höhe von 4.630 Euro errechnet und für die Röhrenkollektoren 9.630 Euro. In der Nachhaltigkeitsstrategie Effizienz kann Energie eingespart werden, indem zum Beispiel eine Glühlampe durch LED ersetzt wird. Die Konsistenz handelt um die ökologische Verwendung von Ressourcen, zum Beispiel von Plastiktüte zur kompostierbaren Tüte. Die Suffizienz Strategie steht für „weniger ist mehr". Dieser Begriff wird mit einer maßvollen Handhabung von Ressourcen verbunden. Zur Methodenwahl wurde zum einen eine Online-Befragung durchgeführt und zum anderen ein Experteninterview aufgenommen. Aus dem Analyse Kapitel zu entnehmen, kann die Forschungsfrage folgendermaßen beantwortet werden: Aufgrund der vielseitigeren Einsetzung von Photovoltaikanlagen, wodurch Strom als auch Wärme erzeugt werden kann, ist diese Variante vorteilhafter für eine Bestandsimmobilie. Zudem kann der Strom entweder gespeichert oder in das öffentliche Netz eingespeist werden und die Eigentümer:innen können Geld zurückerhalten. Dies macht eine Bestandsimmobilie deutlich nachhaltiger und spart den Energieverbrauch deutlich ein. Aus dem Kapitel der

Handlungsempfehlungen zu entnehmen, kann in folgenden Arbeiten auf den Aufbau der jeweiligen Anlagen eingegangen werden. Aus dieser wissenschaftlichen Arbeit ist schlussendlich abzuleiten, dass Photovoltaikanlagen sich für alle Haushalte eignet, die die Umwelt schützen möchten, sich mehr Unabhängigkeit wünschen und dabei die Heizkosten einsparen wollen um die Immobilie nachhaltiger zu gestalten.

Literaturverzeichnis

Beyer, E. (2018). *Qualitative vs quantitative Forschungsmethoden.* GRIN Verlag.

Bundesministerium für wirtschaftliche Zusammenarbeit und Entwicklung. (2023). *bmz.de.* Von
https://www.bmz.de/de/service/lexikon/nachhaltigkeit-nachhaltige-entwicklung-14700
abgerufen

Dorrmann, G. (August 2023). *solaranlagen-portal.com.* Von https://www.solaranlagen-
portal.com/photovoltaik/kosten/kaufen-mieten abgerufen

EnBW Energie. (August 2020). *enbw.com.* Von
https://www.enbw.com/blog/energiewende/solarenergie/was-passiert-eigentlich-in-der-
solarzelle/ abgerufen

Energieversum. (Oktober 2021). Von https://www.energieversum.de/photovoltaikanlage-mieten-
oder-kaufen/ abgerufen

Frahm, T. (2023). *solaranlagen-portal.com.* Von https://www.solaranlagen-
portal.com/photovoltaik/kosten abgerufen

Gallego Carrera, D., Wassermann, S., & Zech, D. (2012). Suffizienz, Effizienz, Konstistenz.
Ökologisches Wirtschaften, 45.

Kümpel, N. (März 2023). *wegatech.de.* Von
https://www.wegatech.de/ratgeber/photovoltaik/grundlagen/kwp-kwh/ abgerufen

Leifer, P. (2020). *Mehr als nur weniger: nachverdichtete Wohnmodelle für mehr Effizienz,
Suffizienz und Konstistenz.* Technische Universität Wien.

Mayer, K. (2020). In *Nachhaltigkeit: 125 Fragen und Antworten* (S. 3-4). Juli: Springer Fachmedien.

Naumann, S. (2023). Von bund-bauwue.de: https://www.bund-bawue.de/themen/mensch-
umwelt/nachhaltigkeit/nachhaltigkeitsstrategien/ abgerufen

Prof. Dr. Röbken, H., & Wetzel, K. (2016). *Qualitative und quantitative Forschungsmethoden.*
Center für lebenslanges Lernen.

Statista Research Department. (August 2023). *statista.com.* Von
https://de.statista.com/statistik/daten/studie/5573/umfrage/monatlicher-niederschlag-in-
deutschland/ abgerufen

Van Noy, Y. (August 2023). *enpal.com.* Von https://www.enpal.de/magazin/solaranlage-mieten
abgerufen

Wittlinger, J. K. (2023). In *Photovoltaikanlagen im Steuerrecht* (S. 1-2). Springer Gabler.

Anhangsverzeichnis

Anhang A: Flachkollektor

Quelle: https://mediacdn.broetje.de/-/media/websites/broetje/images/produkte/solarsysteme/flachkollektoren/broetje-so-lar-fk-hero.jpg?v=1&d=20190214T163249Z

Anhang B: Röhrenkollektor

Quelle: https://volkssolaranlage.com/images/installationen/khd2.jpg

Anhang C: Vor- und Nachteile aller Kollektoren im Überblick

Kollektorart	Vorteile	Nachteile
Flachkollektor	• einfach und schnell aufzubauen • vollständige Integration ins Dach möglich • robust und langlebig • einfache Reinigung • gut zur Warmwasserbereitung geeignet	• mäßiger Wirkungsgrad • hoher Platzbedarf
Röhrenkollektor	• hoher Wirkungsgrad • für Warmwasser- undHeizungswärme geeignet • platzsparend • auch einzelne Röhren können installiert werden	• empfindliche Vakuum-Technik • keine vollständige Integration ins Dach möglich
Luftkollektor	• einfache Funktionsweise • wartungsarm und robust • Luft nimmt Wärme schneller auf als Flüssigkeit	• keine Wärmespeicherung • hoher Platzbedarf
Hybridkollektor	• Strom- und Wärmeerzeugung • kein zusätzlicher Platz für PV-Module nötig • einheitliche Optik aller Kollektoren • hohe Effizienz	• hohe Anschaffungskosten • wenige Hersteller
Unverglaster Kollektor	• einfache Selbstinstallation • geringe Anschaffungskosten • Witterungsbeständigkeit • geeignet für viele Dachformen	• niedriger Wirkungsgrad • Einsatzgebiet ist weitestgehend auf den Pool begrenzt

Quelle: https://www.aroundhome.de/solaranlage/solarthermie/solarkollektoren/

Anhang D: 1. Frage der Umfrage

1. Wohnen Sie im Einfamilien- oder Mehrfamilienhaus?

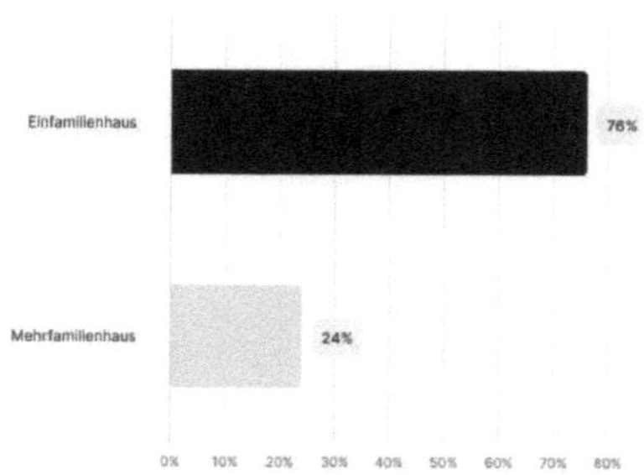

Quelle: https://my.survio.com/X5J1F8S7N6R1K0C2N6E4/results

Anhang E: Transkription

Experteninterview Transkription

Interviewer:in   Romy Alt (Person I)

Befragte:r   Sebastian Hron, Hron Sonnenstrom GmbH (Person B)

Ort   per Telefon

Gesamtes Interview: 00:00:00 – 00:08:49

I: *Meine erste Frage ist, denken Sie, dass die Sonnenenergie die klimafreundlichste Wärmegewin-nung ist? (00:00:00 – 00:00:11)*

B: Ähm also [...] das halte ich am sinnvollsten. (00:00:15 – 00:00:42)

I: *Okay und da ist jetzt meine nächste Frage, Solarthermie oder Solaranlage? (00:00:43 – 00:00:51)*

B: Also ich bin eher ein Freund, ein Fan oder mehr überzeugt von Photovoltaik also von Stromer-zeugung, weil ich den auch vielseitiger einsetzen kann und ich kann natürlich aus dem Strom auch wieder Wärme machen. Also die Sonnenenergie, die ich nur nehme um Wärme zu erzeugen habe ich ja vornehmlich nur im Sommer und in unserem Breitengrad verbrauchen wir ja auch deutlich weniger Wärme und diese Wärmeenergie dann auch wieder umzuwandeln in eine andere Energie ist deutlich komplizierter als wenn ich jetzt mit der Photovoltaikanlage Strom mache, kann ich den Strom vielseitig nutzen und kann damit auch eine Heizungsanlage betreiben, das geht ja auch. (00:00:53 – 00:01:56)

I: *Also sind Sie der Meinung, dass sich die Investition rentiert? (00:02:10 – 00:02:16)*

B: Ja auf jeden Fall. (00:02:17 – 00:02:18)

I: *Und wie sieht es bei schlechten Wetter aus mit ständig wenig Sonne? (00:02:20 – 00:02:27)*
B: Das ist halt das allgemeine Thema bei so erneuerbaren Energien […]. (00:02:29 – 00:03:32)

I: *Ziehen die Anlagen trotzdem Strom wenn's jetzt bewölkt ist oder so? (00:03:33 – 00:03:41)*

B: Da produzieren die auch klar […] die haben nh Leistungskurve und die ist je kühler und sonni-ger es ist, umso effektiver sind die Solarzellen. Also die bringen auch im Sommer bei extremer Hitze, wenn die Sonne intensiv scheint aber auch das Modul sich sehr stark erwärmt, dann bricht die Leistung auch ein bisschen ein […]. Je wärmer es wird, desto schlechter ist die Effizienz. (00:03:42 – 00:04:40)

I: *Haben Sie auch schon an Block Häusern Solaranlagen gebaut, zum Beispiel an Balkon? (00:04:44 – 00:04:51)*

B: Nein, wir machen nur Wohnhäuser und Garagen […]. (00:04:53 – 00:05:23)

I: *Okay und meine letzte Frage, wie sieht es zukünftig mit Photovoltaik und Solarthermie aus? (00:05:23 – 00:05:31)*

B: Äh […] also wenn man sich die Klimaziele anschaut die sich die Bundesregierung gesetzt hat […] sollen ja bis 2030 nochmal 11 Gigawatt dazu gebaut werden also das ist meiner Meinung nach gar nicht schaffbar. Es müsste jetzt in den nächsten sieben Jahren 50% mehr gebaut werden als überhaupt in den letzten knapp 20 Jahren gebaut wurde. Es kann eigentlich mehr Gefördert werden und Möglichkeiten weiter eröffnet werden damit man sowas machen kann. (00:05:33 – 00:07:16)

I: *Es gibt ja auch die Möglichkeit Solaranlagen zu mieten. (00:07:18 – 00:07:22)*

B: Ja. (00:07:23 – 00:07:23)

I: *Wie denken Sie dazu, direkt kaufen oder ist das Mieten dann doch besser? (00:07:24 – 00:07:31)*

B: Also ich denke, dass ein Kauf immer besser ist. (00:07:32 – 00:07:37)

I: *Vermieten Sie auch? (00:07:38 – 00:07:39)*

B: Nein. (00:07:39 – 00:07:40)

I: *Wieso nicht? (00:07:41 – 00:07:42)*

B: So nh Struktur das wir die Anlagen jetzt Vorfinanzieren für einen Kunden und der das dann bei uns abzahlt, dafür sind wir gar nicht aufgestellt. […] wenn ich die Anlage mieten würde, dann kann ich ja auch zu nh Bank gehen und kann mir nh Finanzierung selber machen. Da hab ich auch nicht eine Anlage aufn Dach, die erstmal nen Fremden gehört. (00:07:44 – 00:08:38)

I: *Okay gut. Dankeschön das war's mit meinem Interview, vielen Dank für die Unterstützung. (00:08:39 – 00:08:45)*

B: Bitte bitte und viel Erfolg. (00:08:47 – 00:08:49)

BEI GRIN MACHT SICH IHR WISSEN BEZAHLT

- Wir veröffentlichen Ihre Hausarbeit, Bachelor- und Masterarbeit

- Ihr eigenes eBook und Buch - weltweit in allen wichtigen Shops

- Verdienen Sie an jedem Verkauf

Jetzt bei www.GRIN.com hochladen und kostenlos publizieren